图 解 家 装 细 部 设 计 系 列

Diagram to domestic outfit detail design

厨房卫浴666例

Kitchen & Bathroom

主 编：董 君 / 副主编：贾 刚 王 琰 卢海华

中国林业出版社

目录 / Contents

KITCHEN
整体厨房

对称\简约\朴素\大气\庄重\雅致\恢弘\壮丽\华贵\高大\对比\清雅\含
蓄\端庄\对称\简约\朴素\大气\对称\简约\朴素\大气\庄重\雅致\恢
弘\壮丽\华贵\高大\对比\清雅\含蓄\端庄\对称\简约\朴素\大气\端
庄对称\简约\朴素\大气\庄重\雅致\恢弘\壮丽\华贵\高大\对比\清雅\含
蓄\端庄\对称\简约\朴素\大气\对称\简约\朴素\大气\庄重\雅致\恢
弘\壮丽\华贵\高大\对比\清雅\含蓄\端庄\对称\简约\朴素\大气\对
称\简约\朴素\大气\庄重\雅致\恢弘\壮丽\华贵\高大\对比\清雅\含
蓄\端庄\对称\简约\朴素\大气\对称\简约\朴素\大气\庄重\雅致\恢
弘\壮丽\华贵\高大\对比\清雅\含蓄\端庄\对称\简约\朴素\大气\端
庄对称\简约\朴素\大气\庄重\雅致\恢弘\壮丽\华贵\高大\对比\清
雅\含蓄\端庄\对称\简约\朴素\大气\对称\简约\朴素\大气\庄重\雅
致\恢弘\壮丽\华贵\高大\对比\清雅\含蓄\端庄\对称\简约\朴素\大
气\对称\简约\朴素\大气\庄重\雅致\恢弘\壮丽\华贵\高大\对比\清
雅\含蓄\端庄\对称\简约\朴素\大气\对称\简约\朴素\大气\庄重\雅
致\恢弘\壮丽\华贵\高大\对比\清雅\含蓄\端庄\对称\简约\朴素\大
气\端庄对称\简约\朴素\大气\庄重\雅致\恢弘\壮丽\华贵\高大\对
比\清雅\含蓄\端庄\对称\简约\朴素\大气\对称\简约\朴素\大气\庄
重\雅致\恢弘\壮丽\华贵\高大\对比\清雅\含蓄\端庄\对称\简约\朴
素\大气\对称\简约\朴素\大气\庄重\雅致\恢弘\壮丽\华贵\高大\对
比\清雅\含蓄\端庄\对称\简约\朴素\大气\对称\简约\朴素\大气\庄
重\雅致\恢弘\壮丽\华贵\高大\对比\清雅\含蓄\端庄\对称\简约\朴
素\大气\端庄对称\简约\朴素\大气\庄重\雅致\恢弘\壮丽\华贵\高
大\对比\清雅\含蓄\端庄\对称\简约\朴素\大气\对称\简约\朴素\大
气\庄重\雅致\恢弘\壮丽\华贵\高大\对比\清雅\含蓄\端庄\对称\简
约\朴素\大气\恢弘\壮丽\华贵\高大\对比\清雅\含蓄\端庄\对称\约
\朴素\大气\恢弘\壮丽\华贵\高大\对比\清雅\含蓄\端庄\对称\庄重\

KITCHEN 整体厨房

"整体"的涵义是指整体配置，整体设计，整体施工装修。"系统搭配"是指将橱柜、厨具和各种厨用家电按其形状、尺寸及使用要求进行合理布局，实现厨房用具一体化。依照家庭成员的身高、色彩偏好、文化修养、烹饪习惯及厨房空间结构、照明结合人体工程学、人体工效学、工程材料学和装饰艺术的原理进行设计，使科学和艺术的和谐统一在厨房中体现得淋漓尽致。

乳白烤漆的整体橱柜。

通透开放的厨房。

厨房的一角。

大理石的墙面与烤漆橱柜相互协调。

整洁的定制橱柜。

深色木纹的厨房。

厨房的一角。

整洁的定制橱柜。

整洁的厨房。

开放的厨房连接着餐厅。

简餐台与厨房相连。

开放的厨房。

厨房的一角。

整体定制的厨房。

乳白色的厨房。

米黄色的定制厨房。

独立的厨房宽大而明亮。

厨房的内景。

厨房的一角。

整体定制的厨房和餐台。

整洁的厨房。

金属色的烤漆橱柜。

田园风格的橱柜。

通透而明亮的厨房。

厨房一角。

通透明亮的厨房。

洁净的厨房。

简餐台连接着橱柜。

定制厨房。

开放式的厨房。

厨房的一角。

厨房的简餐台。

西式厨房。

拼花地面与橱柜搭配。

贵气的橱柜。

厨房一角。

简约的厨房。

开放式的厨房。

田园风格的厨房。

简约风格的厨房。

欧式奢华的橱柜。

简约的厨房。

简约的厨房空间。

田园风格的厨房。

西式厨房。

简约的厨房空间。

开放的厨房空间。

厨房一角。

简约式的厨房空间。

厨房一角。

中式风格的厨房空间。

简洁的厨房空间。

紧凑的厨房空间。

简洁的厨房空间。

黑白色调相互搭配。

洁净的餐厨空间。

欧式厨房。

简洁的厨房空间。

厨房一角。

田园风格的厨房。

宽大的厨房空间。

欧式厨房。

洁净的厨房。

开放式的厨房。

厨房和餐吧区合为一个大的空间。

简约的厨房。

开放式的厨房空间。

厨房一角。

厨房一角。

多功能厨房。

黑白呼应的厨房。

极简的厨房空间。

厨房一角。

烤漆橱柜。

简约的厨房。

田园风格的厨房。

极简的厨房空间。

米黄色的厨房空间。

厨房一角。

烤漆橱柜。

简约的厨房。

厨房的一角。

极简的厨房空间。

灰色的厨房空间。

宽大的厨房空间。

欧式厨房。

洁净的厨房。

开放式的厨房。

厨房一角。

烤漆橱柜。

简约的厨房。

田园风格的厨房。

极简的厨房空间。

米黄色的厨房空间。

厨房一角。

烤漆橱柜。

简约的厨房。

厨房的一角。

极简的厨房空间。

灰色的厨房空间。

西式厨房。

拼花地面与橱柜搭配。

贵气的橱柜。

厨房一角。

简约的厨房。

开放式的厨房。

田园风格的厨房。

简约风格的厨房。

厨房一角。

烤漆橱柜。

贵气的橱柜。

厨房一角。

简约的厨房。

开放式的厨房。

田园风格的厨房。

简约风格的厨房。

宽大的厨房空间。

欧式厨房。

洁净的厨房。

开放式的厨房。

极简的厨房空间。

厨房一角。

烤漆橱柜。

简约的厨房。

厨房的一角。

极简的厨房空间。

黄色的烤漆面板。

宽大的厨房空间。

欧式厨房。

洁净的厨房。

开放式的厨房。

西式厨房。

大理石地面与橱柜搭配。

贵气的橱柜。

厨房一角。

简约的厨房。

开放式的厨房。

极简的厨房。

简约风格的厨房。

厨房一角。

烤漆橱柜。

简约的厨房。

简约风格的厨房。

极简的厨房空间。

开放的厨房空间。

洁净的厨房。

极简的厨房空间。

BATHROOM
卫浴设计

创造\实用\空间\简洁\前卫\装饰\艺术\混合\叠加\错位\裂变\解构\新潮\低调\构造\工艺\功能\创造\实用\空间\简洁\前卫\装饰\艺术\混合\叠加\错位\裂变\解构\新潮\低调\构造\工艺\功能\简洁\前卫\装饰\艺术\混合\叠加\错位\裂变\解构\新潮\低调\构造\工艺\功能\创造\实用\空间\简洁\前卫\装饰\艺术\混合\叠加\错位\裂变\解构\新潮\低调\构造\工艺\功能\创造\实用\空间\简洁\前卫\装饰\艺术\混合\叠加\错位\裂变\解构\新潮\低调\构造\工艺\功能\创造\实用\空间\简洁\前卫\装饰\艺术\混合\叠加\错位\裂变\解构\新潮\低调\构造\工艺\功能\简洁\前卫\装饰\艺术\混合\叠加\错位\裂变\解构\新潮\低调\构造\工艺\功能\创造\实用\空间\简洁\前卫\装饰\艺术\混合\叠加\错位\裂变\解构\新潮\低调\构造\工艺\功能\创造\实用\空间\简洁\前卫\装饰\艺术\混合\叠加\错位\裂变\解构\新潮\低调\构造\工艺\功能\创造\实用\空间\简洁\前卫\装饰\艺术\混合\叠加\错位\裂变\解构\新潮\低调\构造\工艺\功能\简洁\前卫\装饰\艺术\混合\叠加\错位\裂变\解构\新潮\低调\构造\工艺\功能\创造\实用\空间\简洁\前卫\装饰\艺术\混合\叠加\错位\裂变\解构\新潮\低调\构造\工艺\功能\创造\实用\空间\简洁\前卫\装饰\艺术\混合\叠加\错位\裂变\解构\新潮\低调\构造\工艺\功能\创造\实用\空间\简洁\前卫\装饰\艺术\混合\叠加\错位\裂变\解构\新潮\低调\构造\工艺\功能\简洁\前卫\装饰\艺术\混合\叠加\错位\裂变\解构\新潮\低调\构造\工艺\功能\创造\实用\空间\简洁\前卫\装饰\艺术\混合\叠加\错位\裂变\解构\新潮\低调\构造\工艺\功能\创造\实用\空间\简洁\前卫\装饰\艺术\混合\叠加\错位\裂变\解构\新潮\低调\构造\工艺\功能\创造\实用\空间\简洁\前卫\装饰\艺术\混合\叠加\错位\裂变\解构\新潮\低调\构造\工艺\功能\简洁\前卫\装饰\艺术\混合\叠加\错位\裂变\解构\新潮\低调\构造\工艺\功能\创造\实用\空间\简洁\前卫\

BATHROOM 卫浴设计

卫浴设计是针对于日常卫生活动的空间的设计，设计师主要通过水龙头、盥洗盆、沐浴设备、卫浴配件等来表现。卫浴俗称卫生间，是供居住者便溺、洗浴、盥洗等日常卫生活动的空间。

卫生间不仅只是人们生理需求的场所，而且已发展成为人们追求完美生活的享受空间。功能从如厕、盥洗发展到按摩浴、美容、休息，以帮助人们消除疲劳，使身心得到放松。

简约的卫浴空间。

简洁明快的卫浴空间。

卫浴空间的一角。

宽大的欧式卫浴。

浴室一角。

卫浴一角。

简洁的卫浴空间。

极简的卫浴空间。

浴室一角。

黑白搭配的卫浴空间。

卫浴的一角。

极简的卫浴。

浴室一角。

卫浴一角。

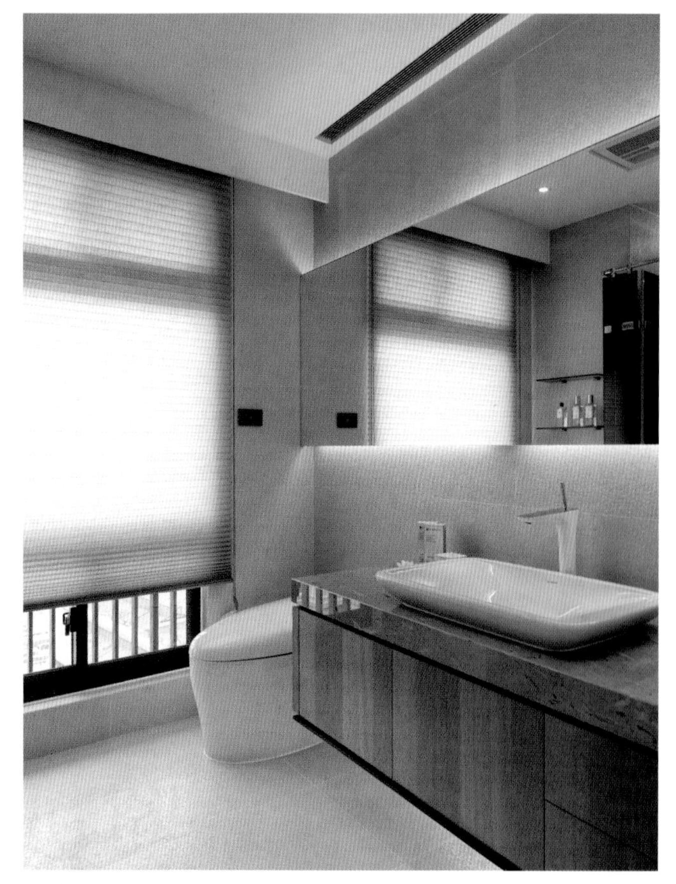

简洁的卫浴空间。

极简的卫浴空间。

浴室一角。

黑白搭配的卫浴空间。

卫浴的一角。

欧式风格的卫浴。

简约的卫浴空间。

简洁明快的卫浴空间。

卫浴空间的一角。

宽大的卫浴空间。

卫浴一角。

精致的卫浴空间。

简约的卫浴空间。

奢华的卫浴空间。

极简卫浴空间。

拼花地面的卫浴空间。

宽大的卫浴空间。

卫浴一角。

宽大的卫浴。

卫浴空间的一角。

中式风格的卫浴空间。

极简卫浴空间。

浴室一角。

卫浴一角。

简洁的卫浴空间。

极简的卫浴空间。

浴室一角。

马赛克墙面的卫浴空间。

卫浴的一角。

极简的卫浴。

浴室一角。

卫浴一角。

简洁的卫浴空间。

极简的卫浴空间。

浴室一角。

黑白搭配的卫浴空间。

卫浴的一角。

极简的卫浴。

卫浴一角。

精致的卫浴空间。

奢华的卫浴空间。

拼花墙面的卫浴空间。

宽大的卫浴空间。

欧式风格的卫浴空间。

宽大的卫浴空间。

卫浴一角。

极简风格的卫浴。

卫浴空间的一角。

中式风格的卫浴空间。

欧式风格的卫浴空间。

浴室一角。

卫浴一角。

简洁的卫浴空间。

极简的卫浴空间。

浴室一角。

黑白搭配的卫浴空间。

卫浴的一角。

极简的卫浴。

简约的卫浴空间。

中式风格的卫浴空间。

卫浴空间的一角。

宽大的欧式卫浴。

浴室一角。

卫浴一角。

简洁的卫浴空间。

极简的卫浴空间。

浴室一角。

黑白搭配的卫浴空间。

卫浴的一角。

极简的卫浴。

简约的卫浴空间。

简洁明快的卫浴空间。

卫浴空间的一角。

宽大的欧式卫浴。

浴室一角。

卫浴一角。

简洁的卫浴空间。

极简的卫浴空间。

浴室一角。

黑白搭配的卫浴空间。

卫浴的一角。

极简的卫浴。

卫浴一角。

精致的卫浴空间。

简约的卫浴空间。

卫浴空间一角。

中式风格的卫浴空间。

黄色的墙面成为视觉中心。

田园风格的卫浴空间。

卫浴一角。

极简的卫浴。

卫浴空间的一角。

现代风格的卫浴空间。

极简卫浴空间。

浴室一角。

卫浴一角。

简洁的卫浴空间。

极简的卫浴空间。

浴室一角。

黑白搭配的卫浴空间。

卫浴的一角。

极简的卫浴。

浴室一角。

卫浴一角。

简洁的卫浴空间。

极简的卫浴空间。

浴室一角。

黑白搭配的卫浴空间。

卫浴的一角。

极简的卫浴。

简约的卫浴空间。

简洁明快的卫浴空间。

卫浴空间的一角。

宽大的欧式卫浴。

浴室一角。

卫浴一角。

简洁的卫浴空间。

极简的卫浴空间。

浴室一角。

黑白搭配的卫浴空间。

卫浴的一角。

极简的卫浴。

简约的卫浴空间。

简洁明快的卫浴空间。

卫浴空间的一角。

宽大的欧式卫浴。

简约的卫浴空间。

简洁明快的卫浴空间。

卫浴空间的一角。

宽大的欧式卫浴。

浴室一角。

卫浴一角。

简洁的卫浴空间。

极简的卫浴空间。

浴室一角。

黑白搭配的卫浴空间。

卫浴的一角。

极简的卫浴。

简约的卫浴空间。

简洁明快的卫浴空间。

卫浴空间的一角。

宽大的欧式卫浴。

卫浴一角。

精致的卫浴空间。

简约的卫浴空间。

卫浴空间一角。

中式风格的卫浴空间。

黄色的墙面成为视觉中心。

田园风格的卫浴空间。

卫浴一角。

极简的卫浴。

卫浴空间的一角。

现代风格的卫浴空间。

极简卫浴空间。

简约的卫浴空间。

简洁明快的卫浴空间。

卫浴空间的一角。

宽大的欧式卫浴。

简约的卫浴空间。

简洁明快的卫浴空间。

卫浴空间的一角。

宽大的欧式卫浴。

浴室一角。

卫浴一角。

简洁的卫浴空间。

极简的卫浴空间。

浴室一角。

黑白搭配的卫浴空间。

卫浴的一角。

极简的卫浴。

简约的卫浴空间。

简洁明快的卫浴空间。

卫浴空间的一角。

宽大的欧式卫浴。

简洁的卫浴空间。

浴室一角。

黑白搭配的卫浴空间。

卫浴的一角。

极简的卫浴。

简约的卫浴空间。

地中海式的卫浴空间。

田园风格的卫浴空间。

卫浴空间的一角。

宽大的欧式卫浴。

简约的卫浴空间。

简洁明快的卫浴空间。

卫浴空间的一角。

宽大的欧式卫浴。

简约的卫浴空间。

简洁明快的卫浴空间。

卫浴空间的一角。

宽大的欧式卫浴。

浴室一角。

卫浴一角。

简洁的卫浴空间。

极简的卫浴空间。

浴室一角。

黑白搭配的卫浴空间。

卫浴的一角。

极简的卫浴。

卫浴一角。

精致的卫浴空间。

简约的卫浴空间。

卫浴空间一角。

中式风格的卫浴空间。

黄色的墙面成为视觉中心。

田园风格的卫浴空间。

卫浴一角。

极简的卫浴。

卫浴空间的一角。

现代风格的卫浴空间。

极简卫浴空间。

简约的卫浴空间。

简洁明快的卫浴空间。

卫浴空间的一角。

宽大的欧式卫浴。

简约的卫浴空间。

简洁明快的卫浴空间。

卫浴空间的一角。

宽大的欧式卫浴。

简约的卫浴空间。

简洁明快的卫浴空间。

卫浴空间的一角。

宽大的欧式卫浴。

浴室一角。

卫浴一角。

简洁的卫浴空间。

极简的卫浴空间。

浴室一角。

黑白搭配的卫浴空间。

卫浴的一角。

极简的卫浴。

简约的卫浴空间。

简洁明快的卫浴空间。

卫浴空间的一角。

宽大的欧式卫浴。

浴室一角。

卫浴一角。

简洁的卫浴空间。

极简的卫浴空间。

浴室一角。

黑白搭配的卫浴空间。

卫浴的一角。

极简的卫浴。

浴室一角。

卫浴一角。

简洁的卫浴空间。

极简的卫浴空间。

浴室一角。

黑白搭配的卫浴空间。

卫浴的一角。

极简的卫浴。

简约的卫浴空间。

简洁明快的卫浴空间。

卫浴空间的一角。

宽大的欧式卫浴。

浴室一角。

卫浴一角。

简洁的卫浴空间。

极简的卫浴空间。

浴室一角。

黑白搭配的卫浴空间。

卫浴的一角。

极简的卫浴。

浴室一角。

卫浴一角。

简洁的卫浴空间。

极简的卫浴空间。

浴室一角。

黑白搭配的卫浴空间。

卫浴的一角。

极简的卫浴。

浴室一角。

卫浴一角。

简洁的卫浴空间。

极简的卫浴空间。

浴室一角。

黑白搭配的卫浴空间。

卫浴的一角。

极简的卫浴。

简约的卫浴空间。

简洁明快的卫浴空间。

卫浴空间的一角。

宽大的欧式卫浴。

浴室一角。

卫浴一角。

简洁的卫浴空间。

极简的卫浴空间。

浴室一角。

黑白搭配的卫浴空间。

卫浴的一角。

极简的卫浴。

简洁的卫浴空间。

浴室一角。

黑白搭配的卫浴空间。

卫浴的一角。

极简的卫浴。

简约的卫浴空间。

简洁明快的卫浴空间。

卫浴空间的一角。

宽大的欧式卫浴。

卫浴一角。

精致的卫浴空间。

简约的卫浴空间。

卫浴空间一角。

中式风格的卫浴空间。

黄色的墙面成为视觉中心。

田园风格的卫浴空间。

卫浴一角。

极简的卫浴。

卫浴空间的一角。

现代风格的卫浴空间。

极简卫浴空间。

简约的卫浴空间。

简洁明快的卫浴空间。

卫浴空间的一角。

宽大的欧式卫浴。

简约的卫浴空间。

简洁明快的卫浴空间。

卫浴空间的一角。

宽大的欧式卫浴。

浴室一角。

卫浴一角。

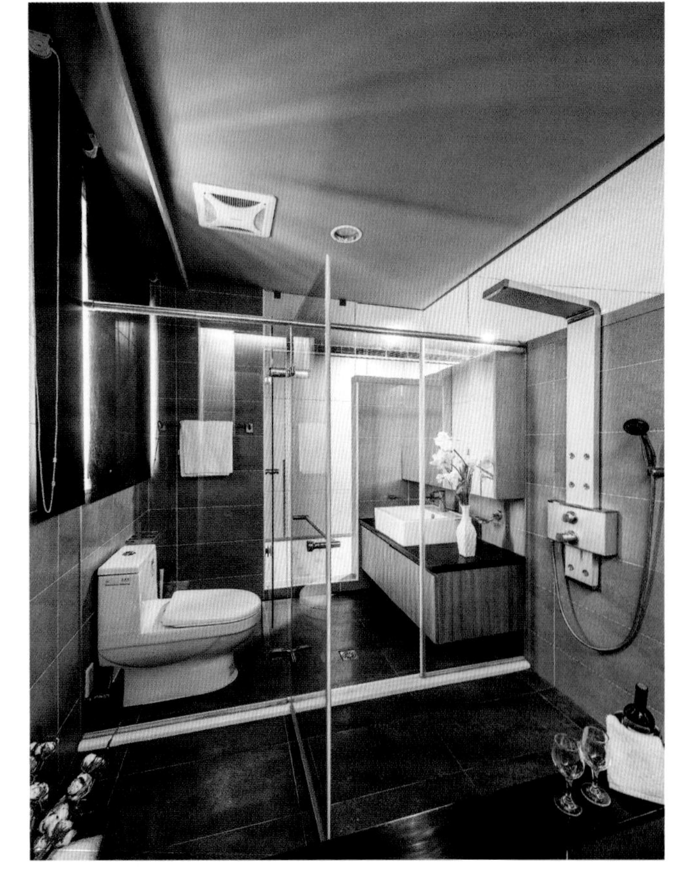
简洁的卫浴空间。

极简的卫浴空间。

浴室一角。

黑白搭配的卫浴空间。

卫浴的一角。

极简的卫浴。

浴室一角。

卫浴一角。

简洁的卫浴空间。

极简的卫浴空间。

浴室一角。

黑白搭配的卫浴空间。

卫浴的一角。

极简的卫浴。

简约的卫浴空间。

简洁明快的卫浴空间。

卫浴空间的一角。

宽大的欧式卫浴。

简洁的卫浴空间。

浴室一角。

黑白搭配的卫浴空间。

卫浴的一角。

极简的卫浴。

浴室一角。

卫浴一角。

简洁的卫浴空间。

极简的卫浴空间。

浴室一角。

黑白搭配的卫浴空间。

卫浴的一角。

极简的卫浴。

简约的卫浴空间。

简洁明快的卫浴空间。

拼花地面，让简单的空间富有装饰性。

大面积的玻璃窗给人一种舒适的环境。

打开窗户，实现了借景的设计手法。

稳重而大气的开放式餐厅。

简约的家具摆饰揉入强烈的设计感，田园风格跃然纸上。

大幅的挂画让提升了空间的亮度。

室内空间通过家具的配搭营造出清新自然的田园风。

整体的空间，通过壁炉、鹿角等配饰，让空间更加细腻。

粉色的灯光让空间更加温润。

简洁的设计中点缀着些许繁杂，增加了空间的可观性。

晶亮而华丽的空间。

浅色的调子营造出精致的生活。

背景墙的设计是本案的亮点。

壁纸的使用，让空间充满了生机和活力。

小空间的处理使得空间变得更加精致。

圆拱门的隔断给人一种异域的神秘。

浅灰色的调子让空间变得更加高级。

原木色的调子给人一种自然和素雅。

东南亚式的田园混搭着地中海的清新。

壁纸有着一种天生的神奇魔力，能为墙面打造出百变妆容。

背景墙是设计和配搭的亮点。

浅蓝色的调子是地中海式的田园设计风格的典型特点。

宽大的吊顶处理，使得空间有种古朴般的自然。

高度定制家具似的空间变得华贵。

丰富的搭配提升了整个空间的品位。

背景墙的设计成为整个空间的视觉中心。

简约田园中夹杂着东南亚的风情。

巧克力色的隔断墙，丰富了空间。

田园格调中夹杂着地中海式风情。

金色的使用使得空间充满了贵气。

大幅落地窗让空间变得通透。

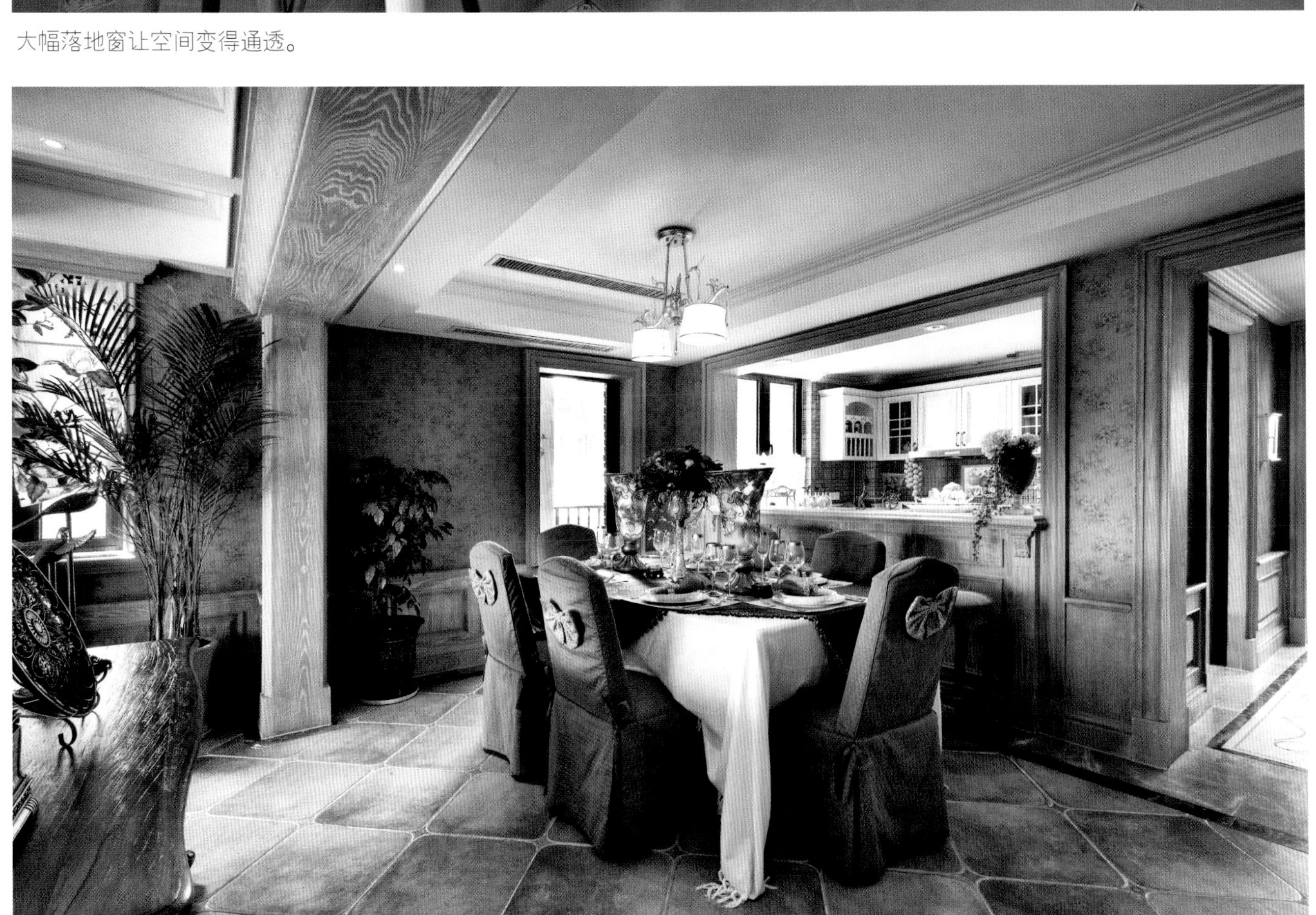

绿色的调子让空间充满活力。

艺术画成为视觉中心。

天花吊顶的处理是本案的亮点。

定制的家具让空间更有品位。

简餐台的设计别出心裁。

艺术画点缀了空间。

灰色的地面与原木色的顶面相互呼应。

定制的家具让空间更有品位。

小空间的处理满足业主生活的需求。

铁艺隔断给人一种富丽堂皇的感觉。

灰色的地面与浅色的墙裙相互呼应。

爵士白的大理石与大幅的挂画协调配搭。

清新自然、通透淡雅。

春意盎然的主题壁纸给人一种青春的活力。

灰色的墙裙和顶面相互呼应。

天花吊顶是本案的亮点。

竖装壁纸使得空间变得高大。

银镜处理的背景墙给人一种魔幻的效果。

实木家具与空间完美配搭。

通透而清爽的大空间。

原木营造出自然的气息。

通透而大气的餐厨空间。

对称而通透的空间。

吊顶的处理是本案的时间亮点。

开放式的餐厅满足了便捷生活的需要。

混搭着异域情调的现代风格室内设计。

大幅的落地窗使得空间明亮而通透。

天花吊顶是本案的设计亮点。

简洁而明快的混搭风格。

红与黄的配搭。

通透的隔断既满足分隔空间的作用，又起到了装饰作用。

背景墙是设计的亮点。

大幅的玻璃窗使得空间变得通透而明亮。

银色的空间，营造出奢华的氛围。

夸大的储物陈列架满足业主的需求。

清新而简约的空间。

红色平衡了空间中的黑与白。

金色的天花吊顶让空间变得奢华。

背景墙的处理满足了主人的陈列需求。

大型水晶灯平衡了空间。

楼梯的转角处的精致处理。

背景墙的处理满足了业主的陈设需求。

小空间的处理满足了功能的需要。

红色的挂画提升了空间的亮度。

天花吊顶是本案的设计重点。

隔断的处理把空间进行合理的分割。

陈列背景墙是设计的亮点。

异域的背景墙是设计的重点。

地中海风格中夹杂着田园情调。

天花的镜面处理把空间的层高“拉”高。

高端定制的家具提升了整个空间的品位。

水晶灯成为视觉中心。

红色为整个空间增添几分鲜亮。

多块欧式花格让空间变得细腻。

一幅艺术画提升了空间的品位。

小空间的精致处理。

艺术挂画、精致吊灯、定制家具，满足主人对美好生活的向往。

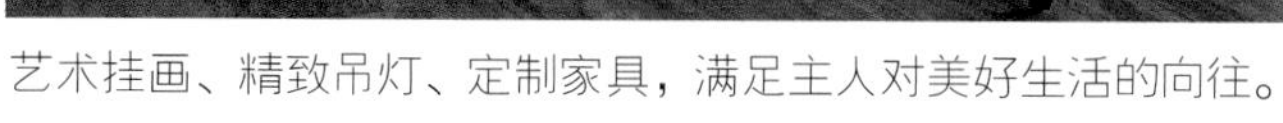

大幅的落地窗将户外的景致引入室内。

田园风格中夹杂着地中海风情的餐厅。

灰色墙裙与浅色地面、顶面相互呼应。

金色奢华的吊顶让空间更加华丽。

大幅落地窗让空间变得通透。

新中式风格中夹杂着东南亚风情的餐厅设计。

北欧风格中夹杂着地中海风情中的热情奔放。

通透的陈列架既满足陈列的需求，又实现隔断的功能。

大面积的人造石墙给空间一种自然而清新的感觉。

欧式风格中夹杂着美式田园的恬静。

定制的吊灯提升了空间的品位。

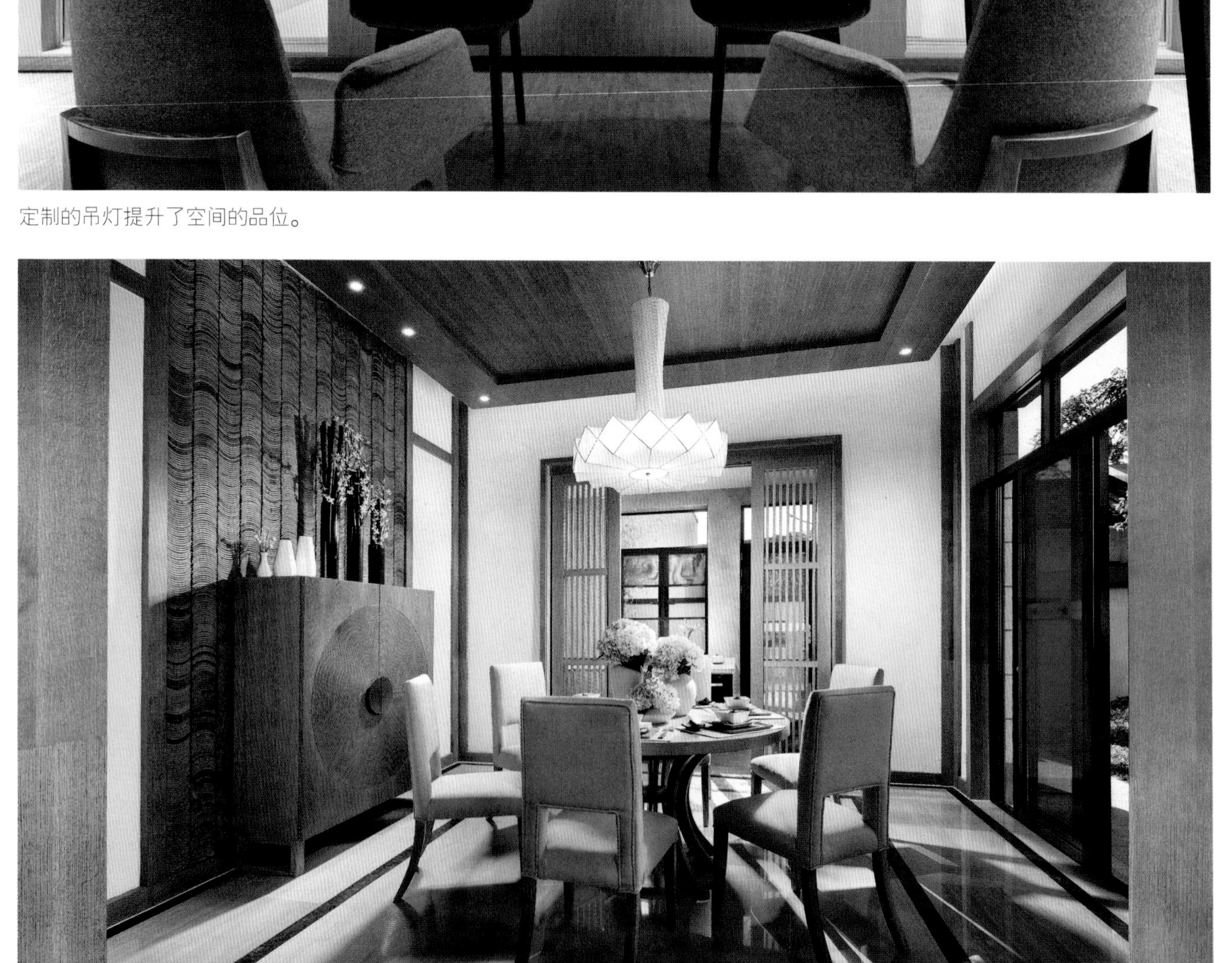

中式风格中吸取了简约欧式的装修特色。

简约欧式中混搭着田园风格的空间给人一种舒适的感觉。

简约欧式中夹杂着极简中式风格。

两边的花格的设计提升了空间的品位。

吊顶的设计师本案的装修特色。

混搭着田园风格的空间给人一种舒适的感觉。

白色和蓝色是本案的主要色调。

PASTORAL
田园混搭

凸显自我、张扬个性的时尚混搭风格已经成为现代人在家居设计中的首选。无常规的空间解构，大胆鲜明、对比强烈的色彩布置，以及刚柔并济的选材搭配，无不让人在冷峻中寻求到一种超现实的平衡，而这种平衡无疑也是对审美单一、居住理念单一、生活方式单一的最有力的抨击。

PASTORAL

田园风格

自然\舒适\温婉\内敛\悠闲\舒畅\光挺\华丽\朴实\亲切\实在\平衡\温
婉\内敛\悠闲\舒畅\光挺\华丽\ 自然\舒适\温婉\内敛\悠闲\舒畅\光
挺\华丽\朴实\亲切\实在\平衡\温婉\内敛\悠闲\舒畅\光挺\华丽\自
然\舒适\温婉\内敛\悠闲\舒畅\光挺\华丽\朴实\亲切\实在\平衡\温
婉\内敛\悠闲\舒畅\光挺\华丽\ 自然\舒适\温婉\内敛\悠闲\舒畅\光
挺\华丽\朴实\亲切\实在\平衡\温婉\内敛\悠闲\舒畅\光挺\华丽\温
婉\内敛\悠闲\舒畅\光挺\华丽\朴实\亲切\实在\平衡\温婉\内敛\悠
闲\舒畅\光挺\华丽\ 自然\舒适\温婉\内敛\悠闲\舒畅\光挺\华丽\朴
实\亲切\实在\平衡\温婉\内敛\悠闲\舒畅\光挺\华丽\自然\舒适\温
婉\内敛\悠闲\舒畅\光挺\华丽\朴实\亲切\实在\平衡\温婉\内敛\悠
闲\舒畅\光挺\华丽\ 自然\舒适\温婉\内敛\悠闲\舒畅\光挺\华丽\朴
实\亲切\实在\平衡\温婉\内敛\悠闲\舒畅\光挺\华丽\ 自然\舒适\温
婉\内敛\悠闲\舒畅\光挺\华丽\朴实\亲切\实在\平衡\温婉\内敛\悠
闲\舒畅\光挺\华丽\自然\舒适\温婉\内敛\悠闲\舒畅\光挺\华丽\朴
实\亲切\实在\平衡\温婉\内敛\悠闲\舒畅\光挺\华丽\ 自然\舒适\温
婉\内敛\悠闲\舒畅\光挺\华丽\朴实\亲切\实在\平衡\温婉\内敛\悠
闲\舒畅\光挺\华丽\温婉\内敛\悠闲\舒畅\光挺\华丽\朴实\亲切\实
在\平衡\温婉\内敛\悠闲\舒畅\光挺\华丽\ 自然\舒适\温婉\内敛\悠
闲\舒畅\光挺\华丽\朴实\亲切\实在\平衡\温婉\内敛\悠闲\舒畅\光
挺\华丽\自然\舒适\温婉\内敛\悠闲\舒畅\光挺\华丽\朴实\亲切\实
在\平衡\温婉\内敛\悠闲\舒畅\光挺\华丽\自然\舒适\温婉\内敛\悠
闲\舒畅\光挺\华丽\朴实\亲切\实在\平衡\温婉\内敛\悠闲\舒畅\光
挺\华丽\ 自然\舒适\温婉\内敛\悠闲\舒畅\光挺\华丽\朴实\亲切\实
在\平衡\温婉\内敛\悠闲\舒畅\光挺\华丽\自然\舒适\温婉\内敛\悠
闲\舒畅\光挺\华丽\朴实\亲切\实在\平衡\温婉\内敛\悠闲\舒畅\光
挺\华丽\ 自然\舒适\温婉\内敛\悠闲\舒畅\光挺\华丽\朴实\亲切\

米色的壁纸让空间变得温馨。

整体统一的欧式格调。

高端定制的家具提升了整个空间的品位。

挂画使得空间春意正浓。

水晶吊灯是本案的设计亮点。

大幅落地窗使得空间通而明亮。

天花吊顶是设计的重点。

整体统一的欧式格调。

水晶吊灯是本案的设计亮点。

顶面的镜面处理，让空间显得高挑。

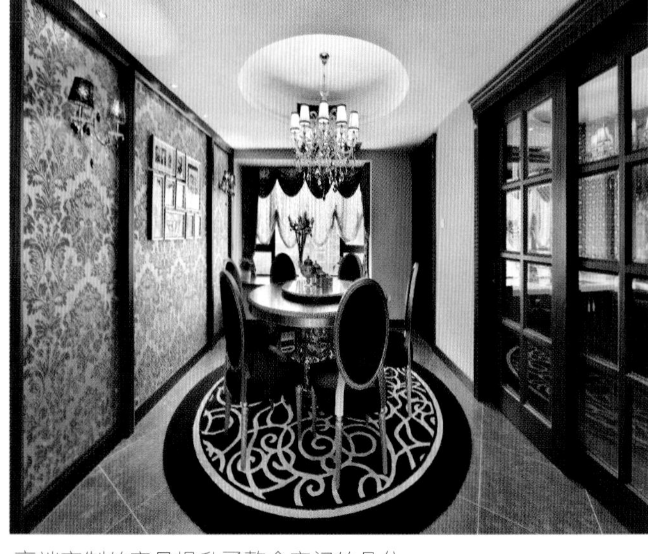

高端定制的家具提升了整个空间的品位。

隔断的处理使得空间动静结合。

和谐的设计、精致的生活。

天花吊顶是设计的重点。

隔断将空间合理分割。

顶面的镜面处理，让空间显得高挑。

精致的顶灯成为整个空间的设计亮点。

天花吊顶是整个空间的视觉中心。

高端定制的家具提升了整个空间的品位。

顶面的镜面处理，让空间显得高挑。

大幅的落地窗让空间变得通透。

墙面是设计的本案的亮点。

高端定制的家具提升了整个空间的品位。

蓝色为整个空间的主色调。

水晶吊灯是本案的设计亮点。

天花吊顶是整个空间的视觉中心。

深红色的地面让整个空间稳重而大方。

拼花大理石地面为空间的视觉焦点。

壁纸有着一种天生的神奇魔力，能为墙面打造出百变妆容。

浅色的墙面给人一种洁净的调子。

暖色的调子给人以温馨的感觉。

定制的家具提升了空间的品质。

深色的墙面和米色的顶面互相呼应。

高端定制的家具提升了业主的品位。

大型的水晶灯是本案的亮点。

天花吊顶是本案的设计亮点。

米黄的壁纸有着一种天生的神奇魔力，增加了室内的亮度。

天花吊顶和玻璃隔断是本案的设计亮点。

落地窗将户外的景致引入室内。

天花吊顶是本案的设计亮点。

灰色青石地面与深灰色马赛克墙裙相互呼应。

壁炉的设计是欧式设计中的必备。

大幅落地窗让空间变得通透。

欧式混搭设计给人一种自然的和谐。

灰色大理石地面与墙裙和顶面相互呼应。

一对罗马柱让空间变得华丽而高贵。

水晶吊灯让空间变得奢华。

简洁的线条与通透宽大的门框相协调。

米色大理石地面与墙裙和顶面相互呼应。

米色碎花大理石让空间更加协调。

陈列展示架满足主人的收藏。

灰色的调子营造出一种低调的奢华。

灰色大理石地面与墙裙和顶面相互呼应。

大幅落地窗将户外的景致引入室内。

开放式的餐厅让整个空间变得通透。

大理石地面、贴面墙裙、圆形吊，一共营造出顶奢华的感觉。

背景墙是本案设计的亮点。

木制背景墙是设计的重点。

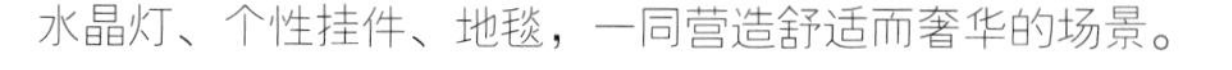

水晶灯、个性挂件、地毯，一同营造舒适而奢华的场景。

黄色的天花吊顶体量了整个空间。

高端定制的家具提升了整个空间的品位。

高挑而通透的餐厅空间。

精致的壁纸和挂画成为整个视觉的中心。

天花吊灯成为空间的视觉焦点。

灰色大理石地面与墙裙和顶面相互呼应。

几幅挂件让空间更加华美。

开放而通透的餐客厅。

壁纸营造出一种精致而华丽的感觉。

本案通过软装配饰形成一种欧式新格调。

天花吊灯是本案设计的重点。

天花吊灯是本案设计的重点。

水晶灯为整个空间的视觉中心。

陈列背景墙是本案的设计亮点。

冷色系营造出冰洁的效果。

精致的顶灯成为整个空间的设计亮点。

通透而开阔的餐厅。

灰色大理石地面与墙裙和顶面相互呼应。

通透的餐厅将户外的景致引入室内。

大幅落地窗让空间变得通透。

室内软装营造出欧式餐厅的华贵。

开放式的餐厅让空间更加通透。

背景墙是本案的设计重点。

大幅落地窗让空间变得通透。

餐厅的挂画提升了餐厅的品位。

灰色大理石地面与墙裙和顶面相互呼应。

美式风格的空间陈设。

背景墙是本案的设计亮点。

餐厅通过木质的框景，富丽而华贵。

EUROPEAN 欧式奢华

欧式风格，是一种来自于欧罗巴洲的风格。主要有法式风格、意大利风格、西班牙风格、英式风格、地中海风格、北欧风格等几大流派，是欧洲各国文化传统所表达的强烈的文化内涵。

欧式风格强调以华丽的装饰、浓烈的色彩、精美的造型达到雍容华贵的装饰效果，同时，通过精益求精的细节处理，带给家人不尽的舒适。

EUROPEAN

欧式奢华

流动 \ 华丽 \ 浪漫 \ 精美 \ 豪华 \ 富丽 \ 动感 \ 轻快 \ 曲线 \ 典雅 \ 亲切 \ 流
动 \ 华丽 \ 浪漫 \ 精美 \ 豪华 \ 富丽 \ 动感 \ 轻快 \ 曲线 \ 典雅 \ 亲切 \ 清秀 \ 柔
美 \ 精湛 \ 雕刻 \ 装饰 \ 镶嵌 \ 优雅 \ 品质 \ 圆润 \ 高贵 \ 温馨 \ 流动 \ 华丽
\ 浪漫 \ 精美 \ 豪华 \ 富丽 \ 动感 \ 轻快 \ 曲线 \ 典雅 \ 亲切 \ 流动 \ 华丽 \ 浪
漫 \ 精美 \ 豪华 \ 富丽 \ 动感 \ 轻快 \ 曲线 \ 典雅 \ 亲切 \ 清秀 \ 柔美 \ 精湛
\ 雕刻 \ 装饰 \ 镶嵌 \ 优雅 \ 品质 \ 圆润 \ 高贵 \ 温馨 \ 流动 \ 华丽 \ 浪漫 \ 精
美 \ 豪华 \ 富丽 \ 动感 \ 轻快 \ 曲线 \ 典雅 \ 亲切 \ 流动 \ 华丽 \ 浪漫 \ 精美 \ 豪
华 \ 富丽 \ 动感 \ 轻快 \ 曲线 \ 典雅 \ 亲切 \ 清秀 \ 柔美 \ 精湛 \ 雕刻 \ 装饰 \ 镶
嵌 \ 优雅 \ 品质 \ 圆润 \ 高贵 \ 温馨 \ 流动 \ 华丽 \ 浪漫 \ 精美 \ 豪华 \ 富丽
\ 动感 \ 轻快 \ 曲线 \ 典雅 \ 亲切 \ 流动 \ 华丽 \ 浪漫 \ 精美 \ 豪华 \ 富丽 \ 动
感 \ 轻快 \ 曲线 \ 典雅 \ 亲切 \ 清秀 \ 柔美 \ 精湛 \ 雕刻 \ 装饰 \ 镶嵌 \ 优雅
\ 品质 \ 圆润 \ 高贵 \ 温馨 \ 流动 \ 华丽 \ 浪漫 \ 精美 \ 豪华 \ 富丽 \ 动感 \ 轻
快 \ 曲线 \ 典雅 \ 亲切 \ 流动 \ 华丽 \ 浪漫 \ 精美 \ 豪华 \ 富丽 \ 动感 \ 轻快
\ 曲线 \ 典雅 \ 亲切 \ 清秀 \ 柔美 \ 精湛 \ 雕刻 \ 装饰 \ 镶嵌 \ 优雅 \ 品质 \ 圆
润 \ 高贵 \ 温馨 \ 流动 \ 华丽 \ 浪漫 \ 精美 \ 豪华 \ 富丽 \ 动感 \ 轻快 \ 曲线 \ 典
雅 \ 亲切 \ 流动 \ 华丽 \ 浪漫 \ 精美 \ 豪华 \ 富丽 \ 动感 \ 轻快 \ 曲线 \ 典雅
\ 亲切 \ 清秀 \ 柔美 \ 精湛 \ 雕刻 \ 装饰 \ 镶嵌 \ 优雅 \ 品质 \ 圆润 \ 高贵 \ 温
馨 \ 流动 \ 华丽 \ 浪漫 \ 精美 \ 豪华 \ 富丽 \ 动感 \ 轻快 \ 曲线 \ 典雅 \ 亲切
\ 流动 \ 华丽 \ 浪漫 \ 精美 \ 豪华 \ 富丽 \ 动感 \ 轻快 \ 曲线 \ 典雅 \ 亲切 \ 清
秀 \ 柔美 \ 精湛 \ 雕刻 \ 装饰 \ 镶嵌 \ 优雅 \ 品质 \ 圆润 \ 高贵 \ 温馨 \ 流动
\ 华丽 \ 浪漫 \ 精美 \ 豪华 \ 富丽 \ 动感 \ 轻快 \ 曲线 \ 典雅 \ 亲切 \ 流动 \ 华
丽 \ 浪漫 \ 精美 \ 豪华 \ 富丽 \ 动感 \ 轻快 \ 曲线 \ 典雅 \ 亲切 \ 清秀 \ 柔美
\ 精湛 \ 雕刻 \ 装饰 \ 镶嵌 \ 优雅 \ 品质 \ 圆润 \ 高贵 \ 温馨 \ 华丽 \ 浪漫 \ 精
美 \ 豪华 \ 富丽 \ 动感 \ 轻快 \ 曲线 \ 典雅 \ 亲切 \ 流动 \ 华丽 \ 浪漫 \ 精美
\ 豪华 \ 富丽 \ 动感 \ 轻快 \ 曲线 \ 典雅 \ 亲切 \ 清秀 \ 柔美 \ 精湛 \ 雕刻 \ 装
饰 \ 镶嵌 \ 优雅 \ 品质 \ 圆润 \ 高贵 \ 温馨 \ 流动 \ 华丽 \ 浪漫 \ 精美 \ 豪华 \

红色的挂画成为视觉中心。

本案的吊顶和背景墙是设计的重点。

百宝陈列架是设计的重点。

背景墙是设计的重点，为墙面打造出多维层次。

餐厅与入户花园，空间互相渗透，灰白相映，视线交织。

吊顶是本案设计的核心亮点。

通透的窗户将屋外的景致引入室内。

中式吊灯让空间变得温馨。

吊顶的黑镜让空间变得通透。

背景墙的使用让空间变得和谐而有节奏。

定制的家具让空间变得更加细腻。

大幅的挂画成为视觉中心。

餐厅以蝴蝶实物画为背景，顶部以黑钢勾边，优雅又不失灵动，为餐厅营造了时尚精致的用餐氛围。

大幅的挂画让空间更加协调。

极简中式的餐厅。

餐厅的木质增加了空间的温润质感，并且使用了常见的木皮配色，也为空间落下了主题。

发光的天花吊顶是空间设计的亮点。

大幅的落地窗让空间变得更加通透。

隔断将空间一分为二。

壁纸有着一种天生的神奇魔力，能为墙面打造出百变妆容。

银镜让空间变得通透。

隔断使得餐厅若影若现。

陈列柜是设计的亮点。

客厅中石材的应用让空间变得华贵。

银镜的应用让空间通透起来。

天花吊顶是空间的亮点。

开放的餐厅，让空间变得更加舒适。

对称的手法是设计中常用的手法。

灰色大理石地面与墙裙和顶面相互呼应。

大幅的挂画让空间更加协调。

大幅落地窗让空间变得通透。

餐厅和会客厅的关系使用四棵顶天立地的木柱进行空间划分，通过木质月亮门框景，清新淡雅，宁静致远。

背景墙是设计的亮点。

中式背景墙是设计的重点。

隔断将空间合理分割。

大幅的挂画成为整个空间的视觉中心。

高端定制的家具提升了整个空间的品位。

大幅的挂画成为整个空间的视觉中心。

精致的顶灯成为整个空间的设计亮点。

碎拼花的墙纸成为空间的视觉焦点。

顶灯是本案的设计亮点。

深绿色的墙面让空间变得青春洋溢。

客厅中大幅的挂画成为客厅的视觉中心。

吊顶的处理是本案的设计亮点。

小空间的利用让功能空间更加合理。

大幅的落地窗将户外的精致引入室内，让空间更加通透。

白色大理石墙面与黑色家具形成了强烈的对比。

吊灯是客厅的视觉中心。

大幅的落地窗让空间变得透亮。

落地窗将户外的景致引进了室内，延伸了空间。

大幅的镜面让空间变得宽大起来。

中式花格和吊顶是空间的亮点。

中式花格营造出半封闭的餐厅。

定制的家具和吊灯让空间更加细腻。

大幅落地窗让空间变得通透。

全实木空间给人一种清新自然之美。

干净而整齐的设计。

开放式的客厅连着餐厅和厨房让空间更加合理。

“万”字花格的运用。

背景墙是本案的设计亮点。

垂直绿化在空间中的运用。

多层装饰储物隔断是设计的亮点。

朱红的色彩给人一种浪漫的情调。

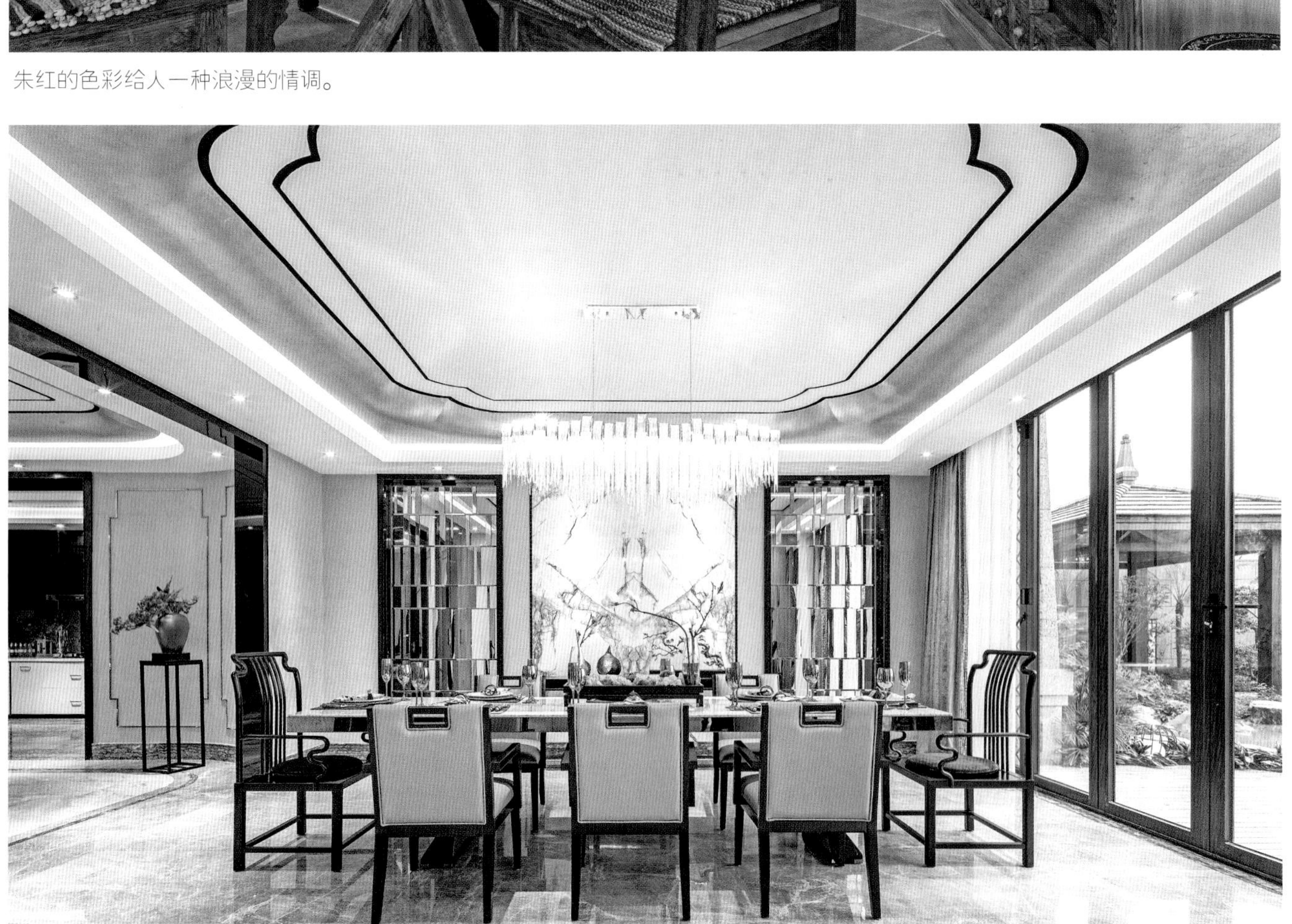

大跨度的吊顶是本案的重点。

CHINESE
中式典雅

雕花、隔扇、镂空是传统的中式风格的装饰物，白色或米黄色的墙面是中式装修墙面的主要色调，怀旧与情调的搭配、天然与淳朴是中式背景墙的魅力所在，让人在繁华与喧闹中找到心灵的安静。

对称\简约\朴素\大气\庄重\雅致\恢弘\壮丽\华贵\高大\对比\清雅\含
蓄\端庄\对称\简约\朴素\大气\对称\简约\朴素\大气\庄重\雅致\恢
弘\壮丽\华贵\高大\对比\清雅\含蓄\端庄\对称\简约\朴素\大气\端
庄对称\简约\朴素\大气\庄重\雅致\恢弘\壮丽\华贵\高大\对比\清雅\含
蓄\端庄\对称\简约\朴素\大气\对称\简约\朴素\大气\庄重\雅致\恢
弘\壮丽\华贵\高大\对比\清雅\含蓄\端庄\对称\简约\朴素\大气\对
称\简约\朴素\大气\庄重\雅致\恢弘\壮丽\华贵\高大\对比\清雅\含
蓄\端庄\对称\简约\朴素\大气\对称\简约\朴素\大气\庄重\雅致\恢
弘\壮丽\华贵\高大\对比\清雅\含蓄\端庄\对称\简约\朴素\大气\端
庄对称\简约\朴素\大气\庄重\雅致\恢弘\壮丽\华贵\高大\对比\清
雅\含蓄\端庄\对称\简约\朴素\大气\对称\简约\朴素\大气\庄重\雅
致\恢弘\壮丽\华贵\高大\对比\清雅\含蓄\端庄\对称\简约\朴素\大
气\对称\简约\朴素\大气\庄重\雅致\恢弘\壮丽\华贵\高大\对比\清
雅\含蓄\端庄\对称\简约\朴素\大气\对称\简约\朴素\大气\庄重\雅
致\恢弘\壮丽\华贵\高大\对比\清雅\含蓄\端庄\对称\简约\朴素\大
气\端庄对称\简约\朴素\大气\庄重\雅致\恢弘\壮丽\华贵\高大\对
比\清雅\含蓄\端庄\对称\简约\朴素\大气\对称\简约\朴素\大气\庄
重\雅致\恢弘\壮丽\华贵\高大\对比\清雅\含蓄\端庄\对称\简约\朴
素\大气\对称\简约\朴素\大气\庄重\雅致\恢弘\壮丽\华贵\高大\对
比\清雅\含蓄\端庄\对称\简约\朴素\大气\对称\简约\朴素\大气\庄
重\雅致\恢弘\壮丽\华贵\高大\对比\清雅\含蓄\端庄\对称\简约\朴
素\大气\端庄对称\简约\朴素\大气\庄重\雅致\恢弘\壮丽\华贵\高
大\对比\清雅\含蓄\端庄\对称\简约\朴素\大气\对称\简约\朴素\大
气\庄重\雅致\恢弘\壮丽\华贵\高大\对比\清雅\含蓄\端庄\对称\简
约\朴素\大气\恢弘\壮丽\华贵\高大\对比\清雅\含蓄\端庄\对称\约
\朴素\大气\恢弘\壮丽\华贵\高大\对比\清雅\含蓄\端庄\对称\庄重\

极简风格的餐厅。

落地窗将室外景致引入室内。

玻璃吊顶提亮了空间。

装饰墙是视觉中心。

大幅的壁画提升了整个空间的品位。

精致的顶灯成为整个空间的视觉中心。

精致的装饰墙为整个视觉的中心。

金属色的树状灯成为空间的视觉焦点。

简洁而明快的餐厅。

吊顶是空间的亮点。

大面积的落地窗让空间透亮。

玻璃墙让空间变得明亮。

通透的隔断让空间动静结合。

精致的餐厅。

天花吊顶将空间抬高。

欧式简约设计风格。

多层的陈列装饰墙是视觉的中心。

壁纸有着一种天生的神奇魔力，能为墙面打造出百变妆容。

定制吊灯是空间的亮点。

金色的背景墙提升空间的亮度。

大理石的地面与环境相互协调融合。

背景墙成为客厅的视觉中心。

多层的陈列装饰墙是视觉的中心。

通透而明亮的餐厅。

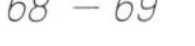

餐厅营造出一种低调的奢华。

精致的顶灯成为整个空间的视觉中心。

背景墙成为整个视觉的中心。

餐台为空间的视觉焦点。

背景墙是设计的亮点。

镜面的处理给人魔幻般的感觉。

镜面的处理让空间通透明亮。

开放式的客厅连着餐厅让空间更加合理。

大理石的墙面与线条地板相互呼应。

丰富的色彩给人春天般的温暖。

红黄色给人夏天般的热情。

大幅的落地窗给人通透感。

大幅的挂画提升了整个空间的品位。

精致的顶灯成为整个空间的视觉中心。

餐台满足了快节奏的生活。

金属色的树状灯成为空间的视觉焦点。

背景墙的设计是空间的亮点。

天花吊顶是空间的亮点。

青色石材的墙面是设计亮点。

餐厅的餐椅以高端的暖褐色搭配，整个空间显得宽敞又大方。

天花吊顶是空间的亮点。

线条的运用是设计亮点。

整洁而明快的调子。

天花吊顶是空间的亮点。

鲜艳的色彩让空间变得艳丽。

U 型的餐台给人一种迈步太空的感觉。

通透的落地窗让空间透亮。

小空间精细而雅致。

楼梯的设计是空间的亮点。

暖色给人一种温馨。

装饰储物架是空间的亮点。

小空间的处理给人温馨之感。

吊灯让空间变得更加丰满。

背景墙的挂画是视觉中心。

大幅的落地窗让空间变得通透而明亮。

吊灯是本案的设计亮点。

天花顶棚是设计亮点。

镜面的处理让空间变得更“大”。

吊顶是本设计的亮点。

金属色的背景墙增加了些许奢华。

背景墙采用金色贴面给人一种高调的奢华。

简洁而明亮的空间。

天花吊顶是设计师的精心制作。

大幅的落地窗通透而明亮。

大理石的墙面和地面给人一种华丽的感觉。

简约而不简单的生活。

背景墙上的精致挂件与环境融合一致。

洁净而明快的餐厅。

天花吊顶是本案设计的亮点。

线条的运用让空间变得精细。

大幅落地窗让空间变得通透。

树状的顶灯营造一种精细的感觉。

简约的小空间。

大面积的落地窗给人一种通透明亮的感觉。

装饰储物墙是设计的亮点。

简洁的小空间。

空间中的吊灯是设计师精心选择的。

色调统一的空间。

温馨而洁净的空间。

小空间的餐厅舒适而温馨。

陈列架是本案设计的亮点。

餐桌的摆放巧妙的利用了空间。

户外开放式的餐厅。

日式简约的餐厨空间。

定制化家居满足舒适生活的需要。

大幅落地窗让餐厅洁净而通透。

原木贴面装饰墙丰富了空间的色彩。

天花吊顶是本空间的亮点。

大理石贴面的隔断营造出一种自然和洁净。

开放式的客厅连着餐厅和厨房让空间更加合理。

通透而洁净的就餐空间。

洁白的厨房和简洁的餐台营造出甜美和温馨的感觉。

餐厅营造出一种自然和清新的感觉。

精致的餐厅满足高品质的生活。

大幅的装饰画是设计的重点。

浅木色的墙面营造出自然而温馨的感觉。

餐厅中通透的隔断延伸了空间。

灯具的设计满足生活的需要。

简约而细腻的设计。

功能背景墙是设计亮点。

丰富的搭配营造出精致的生活。

功能装饰背景墙是设计亮点。

黑白灰，营造出一种低调的奢华。

不规则的家具和设计满足设计的需要。

条状背景墙拉高了空间。

深蓝色的背景墙给人一种宁静而致远的感觉。

丰富的色彩营造出精致的生活。

通透的玻璃将屋外的景致引入室内。

背景墙营造出一种自然和清新的调子。

隔断让空间更加合理。

大幅落地窗让空间变得通透。

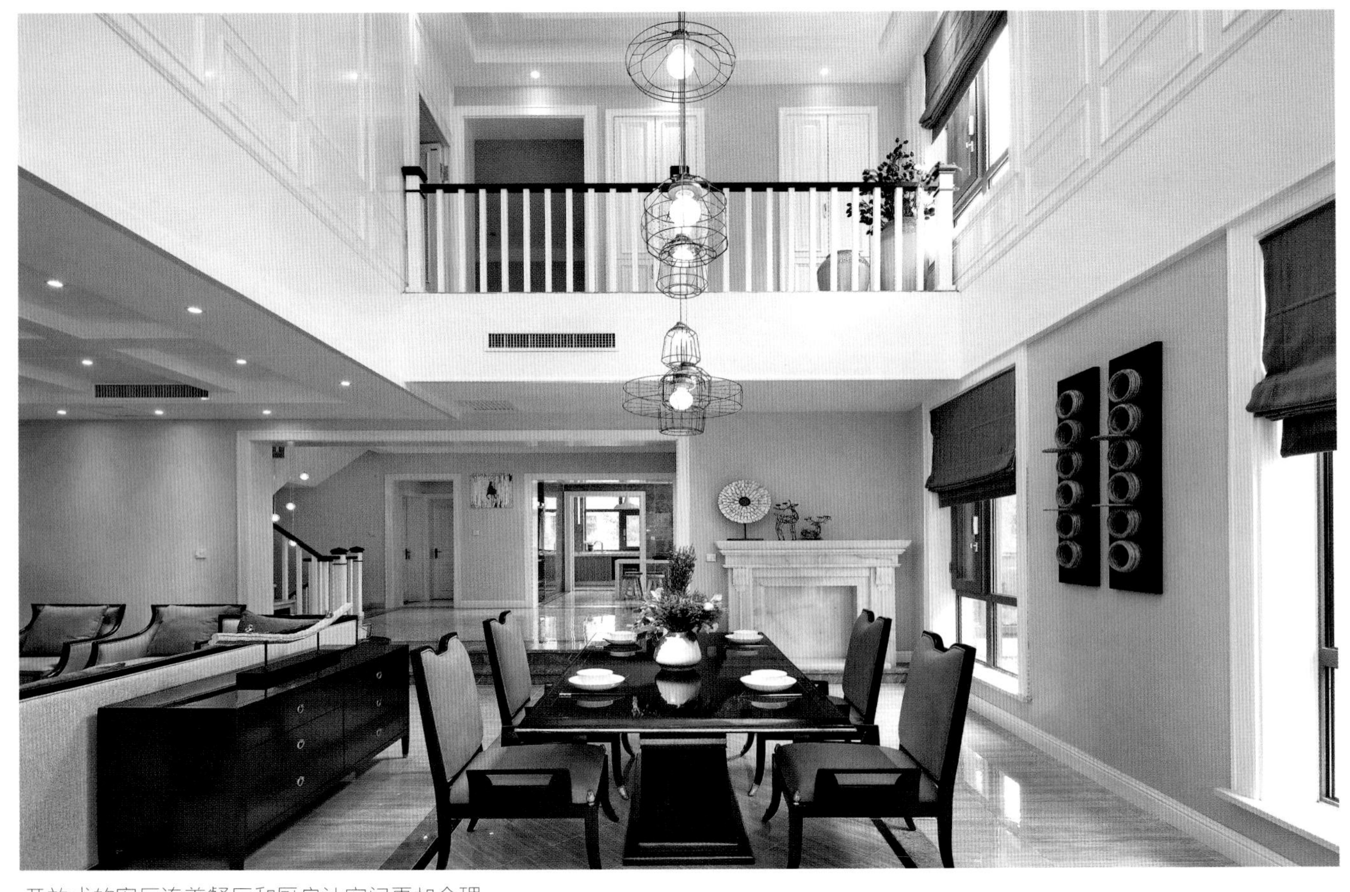
开放式的客厅连着餐厅和厨房让空间更加合理。

简单的生活，简约的设计。

小空间的餐厅处理满足精致生活的需要。

艺术吊灯成为餐厅的视觉中心。

背景墙成为设计的亮点。

简洁的餐厅满足快节奏的需要。

精致的餐厅空间。

天花吊顶中暗藏的射灯成为设计亮点。

简洁而明快的设计。

自然的酒柜满足业主储藏的需要。

开放式的客厅连着餐厅和厨房让空间更加合理。

吊灯是设计的亮点。

大型落地窗让空间变得更加明亮。

古朴而有特色的餐厅。

洁净而精致的设计风格。

吊灯是设计的亮点。

天花吊顶成为空间的视觉焦点。

存酒器成为设计的亮点。

温馨而复古的设计。

餐台的设计成为整个视觉的中心。

天花吊顶成为空间的视觉焦点。

吊灯和格柜是设计的亮点。

大幅水墨画让空间更加完美。

开放式的餐厅和厨房让空间更加合理。

浅木色的装饰营造出自然的感觉。

定制的家具是视觉的中心。

开放式的餐厅和厨房让空间更加合理。

大幅马赛克的壁画让空间变得有趣。

通透而自然的感觉。

吊灯是空间的亮点。

简洁是空间的亮点。

简餐台满足快节奏生活的需要。

天花吊顶是本案的设计亮点。

简洁是本案的设计特点。

本案装饰营造出一种自然的清新。

吊灯是空间的亮点。

墙壁上的瓷盘设计是空间的亮点。

简餐台满足快节奏生活的需要。

浅色的调子营造出一种和谐的生活方式。

天花吊顶是本案的设计亮点。

原木色的装饰营造出一种自然的清新。

设计师营造出自然而精致的感觉。

开放式的客厅连着餐厅和厨房让空间更加合理。

大幅落地窗让空间变得通透。

浅木色的家具营造出古朴的感觉。

设计师营造出一种自然和清新的感觉。

精致的设计给人一种舒适的享受。

蓝灰色的调子是餐厅的主色调。

整面的装饰功能柜满足了业主的需求。

设计师营造出一种自然和清新的感觉。

自然而清新的设计。

吊灯是本案设计师的精心挑选。

多层的装饰柜满足了业主的需求。

大理石的地面与白色的墙漆相互呼应。

黑与白的冲突和平衡。

隔断将空间合理分割。

实木的运用自然而清新。

高端的家具提升了整个空间的品位。

精致的顶灯成为整个空间的视觉中心。

不规则的天花吊顶为整个视觉的中心。

金属色的吊灯成为空间的视觉焦点。

大理石的隔断成为视觉的中心并营造出一种自然和清新的感觉。

隔断的应用让空间别的更加合理。

简约而富有生活化的简餐厅。

设计师造出整洁而温馨的感觉。

设计师营造出一种自然和清新的调子。

天花吊顶是本案的设计重点。

温馨的餐厅。

大面积的窗户让空间通透起来。

大理石的地面与白色的墙漆相互呼应。

定制家具是陈设的亮点。

吊灯是设计师精心的选择。

简约而自然的格调。

高端定制的家具提升了整个空间的品位。

装饰壁橱为整个空间的视觉中心。

不规则的三角形成为整个视觉的中心。

简约而自然的感觉。

设计师营造出一种自然和清新的调子。

开放式的客厅连着餐厅和厨房让空间更加合理。

开放式的餐厅和厨房，让空间变得通透。

金色的壁纸营造出奢华的感觉。

落地窗将屋外的精致引入室内。

黑色的家具跳出了白色的环境。

金属色的装饰墙，让空间变得华丽。

浅木色的家具营造出整洁而自然的感觉。

开放式的餐厅和厨房相互连接，让空间更加舒适。

餐厅的格柜满足业主储藏的需要。

装饰隔断让空间变得通透。

深色的墙壁营造出一种稳重的感觉。

设计师营造出一种自然和清新的感觉。

静谧舒适的用餐环境，一门之隔就是园林美景，味美景美心情更美。

大幅落地窗让空间变得通透。

天花吊顶是设计的亮点。

吊灯的选择是本案的亮点。

开放式的餐厅和厨房相连接。

开放式简约风格的餐厅。

浅木色的木贴面营造出自然而温馨的感觉。

MODERN
现代潮流

简约风格的特色是将设计元素、色彩、照明、原材料简化到最少的程度，但对色彩、材料的质感要求很高。因此，简约的空间设计通常非常含蓄，往往能达到以少胜多、以简胜繁的效果。“艺术创作宜简不宜繁，宜藏不宜露。”这些是对简洁最精辟的阐述。

MODERN
现代潮流

创造\实用\空间\简洁\前卫\装饰\艺术\混合\叠加\错位\裂变\解构\新
潮\低调\构造\工艺\功能\创造\实用\空间\简洁\前卫\装饰\艺术\混
合\叠加\错位\裂变\解构\新潮\低调\构造\工艺\功能\简洁\前卫\装
饰\艺术\混合\叠加\错位\裂变\解构\新潮\低调\构造\工艺\功能\创
造\实用\空间\简洁\前卫\装饰\艺术\混合\叠加\错位\裂变\解构\新
潮\低调\构造\工艺\功能\创造\实用\空间\简洁\前卫\装饰\艺术\混
合\叠加\错位\裂变\解构\新潮\低调\构造\工艺\功能\创造\实用\空
间\简洁\前卫\装饰\艺术\混合\叠加\错位\裂变\解构\新潮\低调\构
造\工艺\功能\简洁\前卫\装饰\艺术\混合\叠加\错位\裂变\解构\新
潮\低调\构造\工艺\功能\创造\实用\空间\简洁\前卫\装饰\艺术\混
合\叠加\错位\裂变\解构\新潮\低调\构造\工艺\功能\创造\实用\空
间\简洁\前卫\装饰\艺术\混合\叠加\错位\裂变\解构\新潮\低调\构
造\工艺\功能\创造\实用\空间\简洁\前卫\装饰\艺术\混合\叠加\错
位\裂变\解构\新潮\低调\构造\工艺\功能\简洁\前卫\装饰\艺术\混
合\叠加\错位\裂变\解构\新潮\低调\构造\工艺\功能\创造\实用\空
间\简洁\前卫\装饰\艺术\混合\叠加\错位\裂变\解构\新潮\低调\构
造\工艺\功能\创造\实用\空间\简洁\前卫\装饰\艺术\混合\叠加\错
位\裂变\解构\新潮\低调\构造\工艺\功能\创造\实用\空间\简洁\前
卫\装饰\艺术\混合\叠加\错位\裂变\解构\新潮\低调\构造\工艺\功
能\简洁\前卫\装饰\艺术\混合\叠加\错位\裂变\解构\新潮\低调\构
造\工艺\功能\创造\实用\空间\简洁\前卫\装饰\艺术\混合\叠加\错
位\裂变\解构\新潮\低调\构造\工艺\功能\创造\实用\空间\简洁\前
卫\装饰\艺术\混合\叠加\错位\裂变\解构\新潮\低调\构造\工艺\功
能\创造\实用\空间\简洁\前卫\装饰\艺术\混合\叠加\错位\裂变\解
构\新潮\低调\构造\工艺\功能\简洁\前卫\装饰\艺术\混合\叠加\错
位\裂变\解构\新潮\低调\构造\工艺\功能\创造\实用\空间\简洁\前卫\

目录 / Contents

图解家装细部设计系列

Diagram to domestic outfit detail design

餐厅666例

Dining room

主 编：董 君 / 副主编：贾 刚 王 琰 卢海华

中国林业出版社